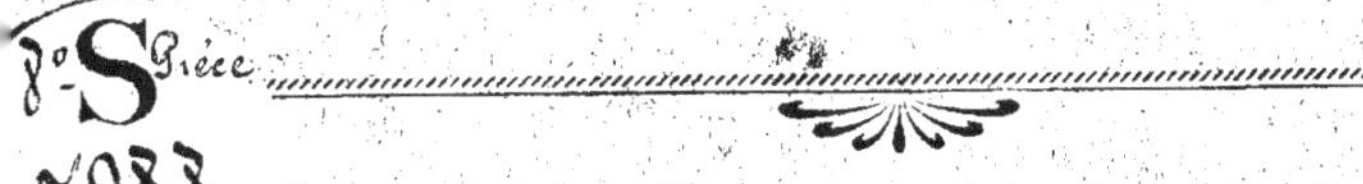

NOUVEL

Atlas Colombophile

contenant les

Dessins exacts de toutes les Espèces

DE

PIGEONS VOYAGEURS

PIGEONS DE FERME

ET

PIGEONS DE FANTAISIE

PAR

RICHARD DE BOEVE

Graveur-Dessinateur et Colombophile-Aviculteur

20, Rue Neuve, 20

LILLE

Prix : 2.75, franco

DÉPOSÉ

NOUVEL

Atlas Colombophile

contenant les

Dessins exacts de toutes les Espèces de Pigeons

Voyageurs, de Ferme et de Fantaisie

par

RICHARD DE BOEVE

Graveur-Dessinateur et Colombophile-Aviculteur

20, Rue Neuve, 20

· LILLE ·

Prix : **2.75**, franco

N° 1 - Race Anversoise — N° 2. - Race Liégeoise
N° 3 - Race Mixte

Nº 4 - Voyageur Irlandais — Nº 5 - Voyageur de Beyrouth
Nº 6 - Voyageur Africain

N° 1 - Ramier — N° 2 - Biset — N° 3 - Mondain — N° 4 - Carneau
N° 5 - Miroité — N° 5 bis - Manotte

PL. 4.

R. DE BOEVE

N° 6 - Romain — N° 7 - Montauban

N° 8 - Carrier — N° 9 - Dragon — N° 10 - Polonais — N° 11 - Capucin
N° 12 - Paon — N° 13 - Bouvreuil — N° 14 - Pie

PL. 6.

R. DE BOEVE

N° 15 - Tumbler almond — N° 16 - Baldhead
N° 17 - Béard — N°s 18, 20 et 21 - Mottle, Kite et Whole-Feater — N° 19 - Agate
N° 22 - Culbutant français — N° 23 - Culbutant Brunswick
N° 24 - Culbutant Viennois — N° 25 - Haut-Volant

PL. 7.

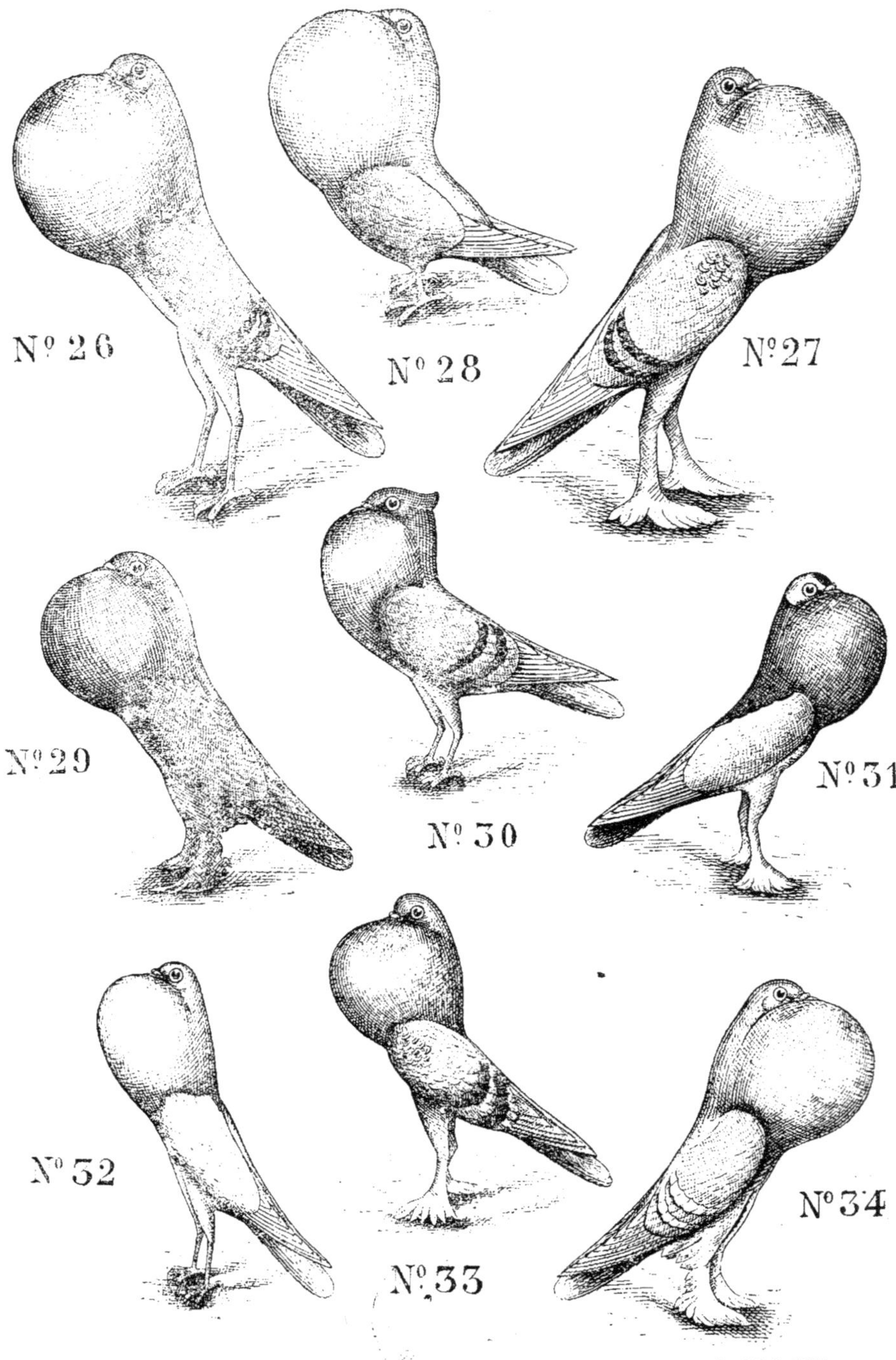

R. DE BOEVE

Nº 26 - Boulant français — Nº 27 - Boulant anglais — Nº 28 - Boulant hollandais
Nº 29 - Boulant gantois — Nº 30 - Ringslager
Nº 31 - Boulant de Saxe — Nº 32 - Brünner — Nº 33 - Pigmy — Nº 34 - Poméranien

R. DE BOEVE

N° 35 - Bagadais Nuremberg — N° 36 - Bagadais français
N° 37 - Tunisien — N° 38 - Cravaté chinois — N° 39 - Cravaté anglais
N° 40 - Cravaté à manteau — N° 41 - Cravaté du Levant

N° 42 - Satinette — N° 43 - Blondinette — N° 44 - Turbitéen
N° 45 - Domino — N° 46 - Vizor — N° 47 - Tambour Bouckarie
N° 48 - Tambour de Dresde — N° 49 - Tambour d'Altenbourg

N° 50 - Swift du Caire — N° 51 - Hirondelle Carme ou de Nurembourg
N° 52 - Hirondelle de Saxe
N° 53 - Bouclier — N° 54 - Diamanté de Damas

N° 55 - Gazzi de Modène — N° 56 - Schietti — N° 57 - Magnani
N° 58 - Cravaté Italien — N° 59 - Mookée des Indes — N° 60 - Sérajée
N° 61 - Goolée — N° 62 - Lahore

N° 63 - Souabe — N° 64 - Nonnain — N° 65 - Nègre à crinière — N° 66 - Moine
N° 67 - Frisé — N° 68 - Russe — N° 69 - Brésilien — N° 70 - Sapajou

Nº 71 - Saxon — Nº 72 - Coquille hollandais — Nº 73 - Etourneau
Nº 74 - Montagnard — Nº 75 - Satin — Nº 76 - Lune — Nº 77 - Hyacinthe

N° 78 - Biset de Pologne — N° 79 - Heurté
N° 80 - Heurté Inverse — N° 81 - Damascène — N° 82 - Samabiale
N° 83 - Rieur du Soudan — N° 84 - Rouleur oriental

R. DE BOEVE

N° 85 - Poule ou Maltais — N° 86 - Florentin
N° 87 - Hongrois — N° 88 - Alouette — N° 89 - Strasser
N° 90 - Marquois

Du même Auteur :

TRAITÉ PRATIQUE

du

PIGEON VOYAGEUR ACTUEL

CONTENANT

les Dernières Perfections et les Secrets
de l'Élevage colombophile
applicables à l'Art Militaire et Maritime

AINSI QU'UNE

Étude expérimentale des Maladies des Pigeons
avec les Remèdes pour les guérir promptement

PAR

Richard DE BOEVE

20, Rue Neuve, 20

LILLE

En vente chez l'Auteur, Prix : **3.75** franco

61891. — Imp. Liégeois-Six, rue Léon Gambetta, 241, Lille.

www.ingramcontent.com/pod-product-compliance
Lightning Source LLC
LaVergne TN
LVHW052015160826
845678LV00003B/1063

* 9 7 8 2 3 2 9 6 4 6 2 6 8 *